客厅

Living Room

全维度解析 2000例

分享海量完美客厅的空间设计表现 ⊕
全面展示家居空间设计之美 ⊕
全维度激发设计灵感 ⊕

《客厅全维度解析2000例》编写组 编

客厅沙发墙

U0345268

机械工业出版社
CHINA MACHINE PRESS

客厅作为家居生活的公共区域，使用最为频繁，是全家人聚集及接待宾客的综合性空间。同时，作为整间屋子的生活中心，客厅又体现了主人的个性与品位。从主人的生活习性及喜好出发的客厅装修，能很好地表达主人的生活情趣与审美。因此，客厅往往被列为装修的重中之重。本书是客厅全维度解析2000例分册之一。本系列图书汇集国内一线设计机构主力设计师的最新设计案例，引领当下家庭装修潮流，不但贴合现代人的生活习性，更展现了多样的审美风格，具有很好的借鉴价值。另外，书中对案例里的特色材料进行标注，使读者更易读懂图片内容，还加入了材料选购及装修知识的贴士，言简意赅，力求读者看得懂、用得上。

图书在版编目（CIP）数据

客厅全维度解析2000例. 客厅沙发墙 ／ 《客厅全维度解析2000例》编写组编. — 北京 ：机械工业出版社，2012.9
ISBN 978-7-111-39436-5

Ⅰ. ①客… Ⅱ. ①客… Ⅲ. ①客厅－室内装修－建筑设计－图集
Ⅳ. ①TU767-64

中国版本图书馆CIP数据核字（2012）第187659号

机械工业出版社（北京市百万庄大街22号　邮政编码 100037）
策划编辑：宋晓磊　　　　　　　　责任编辑：宋晓磊
责任印制：乔　宇
北京汇林印务有限公司印刷

2012年9月第1版第1次印刷
210mm×285mm · 6印张 · 150千字
标准书号：ISBN 978-7-111-39436-5
定价：29.80元

Contents
目录

设计沙发墙应注意哪些事项

设计沙发墙，要着眼于整体。沙发墙对整个室内的装饰及家具起衬托作用，装饰不能过多、过滥，应以简洁为好，色调要明亮一些。灯光布置多以局部照明来处理，并与该区域的顶面灯光协调考虑，灯壳尤其是灯泡应尽量隐蔽，灯光照度要求不高，且光线应避免直射人的脸部。背阴客厅的沙发墙忌用沉闷的色调，宜选用浅米黄色柔丝光面砖，墙面可采用浅蓝色调试一下，在不破坏氛围的情况下，能突破暖色的沉闷，较好地起到调节光线的作用。

木纹玻化砖

装饰银镜

实木装饰线条　　　　　　　　　　木质窗棂造型

车边银镜

条纹壁纸

装饰银镜

冰裂纹玻璃

胡桃木饰面板

肌理壁纸

有色乳胶　　　　　　　　羊毛地毯

肌理壁纸　　　　　　　　仿古砖

木质搁板

陶瓷锦砖

仿古砖　　　　木线条刷白

石膏板吊顶　　　　白色亚光地砖

木质窗棂造型

条纹壁纸

沙发墙软包施工应注意什么

（1）切割填塞料"泡沫塑料"时，为避免"泡沫塑料"边缘出现锯齿形，可用较大铲刀及锋利刀沿"泡沫塑料"边缘切下，以保整齐。

（2）在黏结填塞料"泡沫塑料"时，避免用含腐蚀成分的黏结剂，以免腐蚀"泡沫塑料"，造成"泡沫塑料"厚度减少，底部发硬，以至于软包不饱满。

（3）面料裁割及黏结时，应注意花纹走向，避免花纹错乱影响美观。

（4）软包制作好后用黏结剂或直钉将软包固定在墙面上，水平度和垂直度要达到规范要求，阴阳角应进行对角。

冰裂纹玻璃

车边银镜

竹木地板

有色乳胶漆

石膏板吊顶

直纹斑马木饰面板　　米色玻化砖

石膏板吊顶

混纺地毯

轻钢龙骨装饰横梁

实木地板

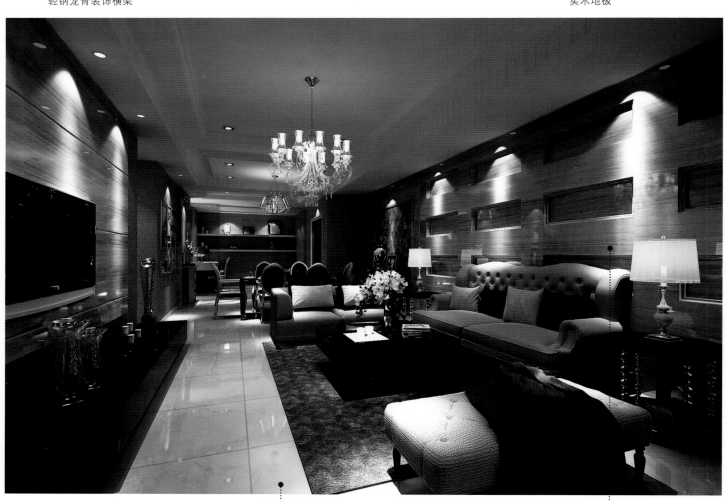
白色玻化砖

木纹大理石

复合木地板

白桦木饰面隔断

米黄色玻化砖

柚木饰面板

混纺地毯

水曲柳饰面板

羊毛地毯　　　　　水曲柳饰面板

黑色烤漆玻璃

皮革软包

木质窗棂造型　　　　　仿古砖

沙发墙砂岩浮雕施工要点

（1）墙体处理平整后，将要安装的砂岩浮雕在平整的地面上按顺序摆放，用记号笔标明每一块砂岩浮雕在墙体上的位置。

（2）按一定的顺序（从下到上，从左到右）将砂岩浮雕贴在墙体上，用手工钻在砂岩浮雕较厚的地方钻一个与螺钉直径相同的孔，需钻透，顺便在对应墙体的位置做个记号，然后把砂岩浮雕取下来放在安全清洁的地方。

（3）再用粗一些的钻头（钻头直径和膨胀螺栓直径应相符）在砂岩浮雕上钻孔，其直径使螺钉刚好陷进去，螺帽露出即可。

（4）用冲击钻在已做记号的墙体位置上钻一个孔，再将膨胀管敲进孔里。

（5）将砂岩浮雕紧贴在墙体上，再用自攻螺钉固定砂岩浮雕（要求安装的每一块砂岩浮雕要横平竖直，分割成两块以上的，要保证砂岩浮雕接缝处平整，不能有高低差，图案过渡要自然流畅）。

（6）根据砂岩浮雕热胀冷缩的物理性质，每块砂岩浮雕之间应留膨胀缝。

装饰银镜

爵士白大理石

复合木地板

白色乳胶漆

浮雕壁纸

密度板混油

茶色镜面玻璃

艺术玻璃

白色乳胶漆

白枫木饰面板　　　　　　　　　　　　　　有色乳胶漆

实木造型刷白　　　　石膏板吊顶

密度板拓缝　　　　实木地板

艺术玻璃　　　　羊毛地毯

石膏板吊顶

沙发墙铺贴文化石的施工要点

（1）先将墙面处理干净并做出粗糙的表面，若是塑料质、木质、纸质等具有吸水性的光滑面层，则须钉铺铁丝网，做出粗糙底面，充分养护后再铺贴，并标注水平线。

（2）贴文化石之前务必先将文化石在平地上排列，搭配出最佳效果后再按排列次序铺贴。

（3）宜采用高强度粘合力且具有弹性的胶粘剂，如亚细亚胶粘剂等。

（4）将文化石的粘接面和底面充分浸湿，先贴转角石，以转角石水平线为基准贴平面石，缝隙要相对均匀，充分按压，使文化石周围可看见黏结剂挤出。

（5）在文化石底部中央涂抹黏结剂，堆成山状；如不慎大面积弄脏表面，则须及时用刷子清洗。

（6）填缝剂初凝后，应将多余的填缝料除去，并用蘸水的毛刷修理缝隙表面。

陶瓷锦砖　　　　　　实木地板

木线条刷白

艺术玻璃　　　　　　水曲柳饰面板

黑胡桃木装饰线

装饰壁纸

实木装饰线刷金　　　　　　　中式壁纸

木质格栅吊顶

陶瓷锦砖

羊毛地毯　　　　　　　白色乳胶漆

车边银镜

装饰字画　　　　　　　　　　　　　　　　　　　　木质装饰立柱　　　　肌理壁纸

装饰珠帘

有色乳胶漆

黑色烤漆玻璃

木质搁板

白色亚光地砖　　　　木质窗棂造型隔断

羊毛地毯　　　　石膏板造型背景

米色玻化砖

肌理壁纸

白色玻化砖　　　黑色烤漆玻璃

艺术玻璃　　　　　　　　　　　　有色乳胶漆

装饰银镜

水曲柳饰面板

仿古砖

手绘墙饰

水曲柳饰面板

米黄色玻化砖

石膏板吊顶

肌理壁纸

松木板吊顶

陶瓷锦砖

采用洞石装饰沙发墙应注意哪些问题

　　洞石吸引人的地方除了其颜色和孔洞特征外，其纹理更具独特的装饰效果。在施工时，若整面墙进行追纹排版，使其整体颜色、花纹过渡自然，则会有一种活动画的艺术装饰效果，这也是洞石独特迷人之处。因此，在洞石施工中保证装饰效果最基本的一点就是整面排版，若面积过大，可采用分段排版，但必须保证各段之间有很好的花纹颜色衔接。一个装饰面如果出现纹理混乱或颜色差异明显时，洞石的装饰效果会被大打折扣。

复合木地板

白色乳胶漆

石膏板吊顶

水曲柳饰面板　　　　茶色烤漆玻璃

皮革软包

装饰壁纸

密度板拓缝　　　　　羊毛地毯

水曲柳饰面板　　　　　石膏板吊顶

手工绣制地毯

装饰壁纸

装饰壁纸　　　　　　　　　　　艺术玻璃

布艺软包　　　　　　　　　石膏板吊顶

木质窗棂造型

手工绣制地毯

混纺地毯　　　　　　　　胡桃木质格栅

装饰壁纸

复合木地板

艺术墙贴

木质搁板

白色乳胶漆   复合木地板

条纹壁纸   艺术地毯

木质装饰立柱

装饰壁纸   石膏板吊顶

柚木饰面板

石膏板吊顶

沙发墙粉刷涂料前如何处理墙面

新房子的墙面一般只需要用粗砂纸打磨，不需要把原漆层铲除。新墙面一定要干燥，表面水分应低于10％，可以使用腻子将墙面批平。为了使漆膜牢固平滑，保色耐久，须使用水性或油性封墙底漆打底。

普通旧房子的墙面一般需要把原漆面铲除。其方法是用水先把表层喷湿，然后用腻子刀或者电刨机把其表层漆面铲除。

对于年久失修的旧墙面，表面已经有严重漆面脱落，批烫层呈粉沙化的，需要把漆层和整个批烫层铲除，直至见到水泥批烫层或者砖层，然后用双飞粉和熟胶粉调拌打底批平，再涂饰乳胶漆。

面层需涂2～3遍，每遍之间的间隔时间以24小时为佳。需要注意的是，很多工业涂料都有或多或少的毒性，施工时要注意通风，施工一周后方能入住，以免危害家人的健康。

条纹壁纸

米色玻化砖　　　　羊毛地毯

白色乳胶漆

手工绣制地毯

实木装饰线　　　　木质窗棂造型

水曲柳饰面板　　　　　　　　　　混纺地毯

米黄色亚光地砖　　　　　　　　　　木造型刷白

白色玻化砖

艺术玻璃　　　　　　　　　　羊毛地毯

羊毛地毯

装饰壁纸

木纹大理石

钢化玻璃搁板

木质装饰线刷白

石膏板吊顶

实木地板

白色乳胶漆

条纹壁纸

仿古砖

白色玻化砖   装饰银镜

松木板吊顶   仿古砖

水曲柳松木板   羊毛地毯   石膏板吊顶

轻钢龙骨装饰横梁　　　　　砂岩浮雕壁画

中式屏风

复合木地板　　　　白色乳胶漆

木质装饰横梁　　　　铁锈红大理石

石膏板吊顶

艺术玻璃

条纹壁纸

米黄色木纹大理石

装饰银镜

胡桃木装饰立柱

水曲柳饰面板

白色乳胶漆

木纹壁纸

密度板拓缝刷白

实木装饰线

羊毛地毯

艺术玻璃

如何处理沙发墙涂料的涂层凸起

涂层凸起这种情况，大多是使用水溶性涂料时，墙体内部的水分尚未干透而继续从墙内挥发到表面所致。因此，装修新屋的用户，一定要待墙内水分完全蒸发之后再刷。倘若在涂饰过程中出现了凸起现象，可将鼓泡部位刮除，再刷漆。

砂岩浮雕壁画　　　　大理石饰面立柱

木质窗棂造型

仿古砖拼花

装饰壁纸　　　　仿古砖

胡桃木饰面垭口

水曲柳饰面板   石膏板吊顶

羊毛地毯   淡米色玻化砖

白色乳胶漆

陶瓷锦砖

仿古砖

文化砖

艺术玻璃

白色乳胶漆

条纹壁纸

轻钢龙骨装饰横梁

装饰壁纸

羊毛地毯

装饰字画

密度板拓缝刷白

木质装饰横梁

实木地板

密度板混油　　　　　　　　　　　羊毛地毯

铁锈红大理石　　　　　　　　　　仿古砖

羊毛地毯

陶瓷锦砖

条纹壁纸

艺术墙贴　　　　　　　　石膏板吊顶

羊毛地毯

实木地板

木质造型刷白

如何处理沙发墙涂层开裂、脱落

涂层早期若出现像头发丝一样的裂纹，在后期就会出现片状剥落，这大多是因为使用了附着力和柔韧性很差的涂料或者过分稀释、多层覆盖涂料，墙面或基层表面预处理不充分，涂膜老化后过度硬化和脆化等原因造成的。

解决方法：应用刮刀或钢丝刷除去已松动和剥离的涂料，打磨表面并修边。如果剥落发生在多道涂层上，必要时使用耐水腻子，在重涂前要先上封闭底漆。使用优质的底漆和面漆能防止这类问题的复发，不要用水过度稀释涂料。

皮革软包

肌理壁纸

茶色烤漆玻璃

装饰壁纸

直纹斑马木饰面板

羊毛地毯　　　　　　　　　黑色烤漆玻璃

镜面吊顶

混纺地毯

米黄色亚光地砖

木造型刷白

仿古砖　　　　　　　　羊毛地毯

木质装饰线　　　　　　条纹壁纸

胡桃木饰面板

皮革软包

如何处理沙发墙涂层起皱

涂层起皱的原因有以下几种：涂料涂刷时一次涂得太厚，漆膜表面变得粗糙、有皱纹；在非常热或湿冷的天气里涂刷，导致漆膜表层的干燥速度比底层快，将未固化的涂膜暴露在过度潮湿的环境中；或者是在被污染的表面上涂刷（如有灰尘或油状物）。

解决方法是应刮除或打磨基材表面，以除去起皱的涂层。如果涂上了底漆，在涂面漆前要确保底漆完全干燥。重新涂刷时（避免极端的温度和湿度），均匀地涂刷一层优质内墙涂料。

白色乳胶漆

石膏板吊顶

木造型刷白

羊毛地毯　　　　　　　仿古砖

黑胡桃木饰面垭口

有色乳胶漆　　　　　　混纺地毯

欧式壁炉　　仿古砖

装饰壁纸

爵士白大理石

羊毛地毯

柚木饰面板

胡桃木装饰横梁　　　黑色磨砂墙砖

白色乳胶漆

胡桃木装饰立柱

羊毛地毯

木质窗棂造型　　　黑胡桃木饰面板

有色乳胶漆　　　　烤漆玻璃

白色玻化砖　　　　胡桃木饰面板

装饰壁纸

车边银镜

沙发墙木板饰面应注意什么

　　木板饰面可做各种造型，具有各种天然的纹理，可给室内带来华丽的效果，一般是在 9mm 底板上贴 3mm 饰面板，再打上纹钉固定。要引起注意的是：木板饰面做法就如中国画画法，一定要"留白"，把墙体用木板全部包起来的想法并不理智，除了增加工程预算开支外，对整体效果帮助不大。

　　饰面板进场后就应该涂装一遍清漆作为保护层。木板饰面中，如果采用的是饰面板装饰，技术问题不大，但如果采用的是夹板装饰，表面涂装漆（混油）的话，可能就有防开裂的要求了。木饰面防开裂的做法是：接缝处要 45° 角处理，其接触处形成三角形槽面；在槽里填入原子灰腻子，并贴上补缝绷；表面调色腻子批平，然后再进行其他的漆层处理（涂装手扫漆或者混油）。

白枫木饰面隔断

石膏板吊顶

茶色磨砂玻璃

车边银镜　　　　白色玻化砖

石膏板肌理造型

羊毛地毯

皮革软包

仿古砖

木质造型刷白

茶色镜面玻璃

车边银镜

混纺地毯

条纹壁纸

混纺地毯

皮革软包

石膏板吊顶

木质搁板　　　　　　　　　　　　　　　　　　羊毛地毯

白色乳胶漆　　　　　　　　　　　　实木地板

木质窗棂造型

皮革软包

木质窗棂造型刷白

如何估算沙发墙壁纸用量

为防止色差，购买壁纸之前，要估算一下用量，以便一次性买足同批号的壁纸，减少不必要的麻烦，也避免浪费。壁纸的用量用下面的公式计算：

壁纸用量（卷）= 房间周长 × 房间高度 × (100+K) ／ 每卷面积

K 为壁纸的损耗率，一般为 3 ~ 10。一般标准壁纸每卷可铺 $5.2m^2$。

而 K 值的大小与下列因素有关：

（1）壁纸图案大小。大图案拼缝对花复杂，所以比小图案的利用率低，因而 K 值略大。需要对花的图案比不需要对花的图案利用率低，K 值略大；同向排列的图案比横向排列的图案利用率低，K 值略大。

（2）裱糊面性质。裱糊面复杂的要比普通平面需用壁纸多，K 值高。

（3）裱糊方法。用拼缝法裱糊对拼接缝壁纸利用率高，K 值小；用重叠裁切拼缝法裱糊壁纸利用率低，K 值大。

由上面的公式可以看出，即使是同一房间，选用不同质地、不同花色的壁纸，用量都是不一样的。购买时，要详细咨询销售人员，确定品种后再计算用量。

红樱桃木饰面板

装饰珠帘

茶色镜面玻璃

水曲柳饰面板

车边银镜

轻钢龙骨装饰横梁

直纹斑马木饰面板

羊毛地毯

米色玻化砖

布艺软包

混纺地毯

胡桃木饰面板

水曲柳饰面板

装饰珠帘

密度板拓缝

木质装饰线刷白

手工绣制地毯　　　　　　　　　　木质装饰线条

石膏角线　　　　　　　　　　　　米色釉面砖

装饰壁纸

木质格栅吊顶

木质搁板　　　　　　　　石膏板吊顶

米色网纹亚光地砖　　　　　　　车边银镜

黑色镜面玻璃

皮革软包

肌理壁纸

复合木地板

艺术地毯

实木地板

皮革软包　　车边银镜

条纹壁纸

石膏板浮雕　　　　　　　　　　　　　　水曲柳饰面板

茶色玻璃砖

艺术玻璃

复合木地板

肌理壁纸

沙发墙壁纸施工的注意事项

壁纸的施工，最关键的技术是防霉和伸缩性的处理。

防霉的处理：壁纸张贴前，需要先把基层处理好，可以用双飞粉加熟胶粉进行批烫整平。待其干透后，再刷上一两遍清漆，然后再行粘贴。

伸缩性的处理：壁纸的伸缩性是一个老大难问题，要解决就得从预防着手，一定要预留 0.5mm 重叠层，有一些人片面追求美观而把这个重叠层取消，这是不妥的。此外，应尽量选购一些伸缩性较好的壁纸。

直纹斑马木饰面板　　　　白色乳胶漆

羊毛地毯

手工绣制地毯　　　木格栅吊顶

仿古砖　　　　木质搁板

装饰壁纸

艺术玻璃

木质窗棂造型   实木造型隔断

有色乳胶漆   复合木地板

混纺地毯   手绘墙饰

实木地板

木质搁板

石膏板吊顶

白色玻化砖

米色玻化砖

浮雕壁纸

中式屏风

木格栅吊顶

装饰壁纸

沙发墙壁纸铺贴的质量要求有哪些

（1）壁纸粘贴牢固，表面色泽一致，不得有气泡、空鼓、裂缝、翘边、皱折和斑污，表面无胶痕。

（2）表面平整，无波纹起伏，壁纸与挂镜线、饰面板和踢脚线紧接，不得有缝隙。

（3）各幅拼接要横平竖直，拼接处花纹、图案吻合，不离缝、不搭接，距墙面1.5m处正视，无明显拼缝。

（4）阴阳转角垂直，棱角分明，阴角处搭接顺平，阳角处无接缝，壁纸边缘平直整齐，不得有毛边、飞刺，不得有漏贴和脱层等缺陷。

装饰珠帘

白色乳胶漆　　大理石波打线

条纹壁纸

仿古砖

肌理壁纸

羊毛地毯 条纹壁纸

黑色烤漆玻璃 装饰壁纸

白色玻化砖 复合木地板

砂岩浮雕壁画　　　　　　　　茶色镜面玻璃

米色网纹亚光地砖　　　　　　车边银镜

松木板吊顶

水曲柳饰面板　　　　　　柚木饰面板

皮革软包　　　　　　　　　　黑胡桃木装饰线

羊毛地毯

仿古砖

胡桃木装饰线　　茶色烤漆玻璃

石膏板吊顶

如何处理沙发墙壁纸起皱

起皱是最影响裱贴效果的缺陷，其原因除壁纸质量不好外，主要是由于出现裙皱时没有顺平就赶压刮平所致。施工中要用手将壁纸舒展平整后才可赶压，出现裙皱时，必须将壁纸轻轻揭起，再慢慢推平，待裙皱消失后再赶压平整。如出现死裙，壁纸未干时可揭起重贴，如已干则撕下壁纸，基层处理后重新裱贴。

陶瓷锦砖　　　　肌理壁纸

皮革软包

艺术玻璃

实木地板

羊毛地毯

红樱桃木饰面板

白色玻化砖　　　　　　彩绘玻璃

黑色烤漆玻璃　　　　　　有色乳胶漆

石膏板吊顶

装饰壁纸

羊毛地毯　　　　　　条纹壁纸

有色乳胶漆　　　　　　复合木地板

白色乳胶漆

仿古砖

实木地板　　　　　　　　　　　　　　　　手绘墙饰

混纺地毯

米色亚光地砖　　　　　白色乳胶漆

黑色胡桃木饰面板

黑色烤漆玻璃

米白色釉面砖

车边银镜

木质窗棂造型

木质装饰线刷白

黑色烤漆玻璃　　　　混纺地毯

仿古砖

艺术玻璃　　　　　　　　　　仿古砖波打线

装饰壁纸　　　　　　　　　茶色印花玻璃

黑色烤漆玻璃

复合木地板

客厅全维度解析2000例

白色乳胶漆　　　　　　　　　　木质造型刷白

手工绣制地毯　　　　　　　　　车边银镜

柚木饰面板

石膏板吊顶　　　木质搁板

68

如何避免沙发墙壁纸出现气泡

壁纸出现气泡的主要原因是胶液涂刷不均匀，裱糊时未赶出气泡。施工时为防止漏刷胶液，可在刷胶后用刮板刮一遍，以保证刷胶均匀。如施工中发现气泡，可用小刀割开壁纸，放出空气后，再涂刷胶液刮平，也可用注射器抽出空气，注入胶液后压平，这样可保证壁纸贴得平整。

装饰壁纸

有色乳胶漆　　　　　　　复合木地板

木质装饰立柱

柚木饰面板

木质搁板　　　　　　　米黄色玻化砖

白色亚光地砖　　　　　　装饰壁纸

艺术地毯　　　　　　　　　　白色网纹玻化砖

装饰镜面

木质格栅

有色乳胶漆　　　　石膏板吊顶

轻钢龙骨装饰横梁

石膏装饰角线　　　　　　　　　　　　　　　实木地板

石膏板吊顶　　　　　　　　　　　　　　　　混纺地毯

白色玻化砖

木造型刷白　　艺术玻璃

手工绣制地毯　　　　　　　　　　　　　仿古砖

米色釉面砖

条纹壁纸　　　　　　　　　混纺地毯

实木装饰角线

混纺地毯

羊毛地毯　　　　　黑色烤漆玻璃

如何处理沙发墙壁纸离缝或亏纸

　　壁纸离缝或亏纸的主要原因是裁纸尺寸测量不准、铺贴不垂直。在施工中应反复核实墙面实际尺寸，裁割时要留 10 ~ 30mm 余量。赶压胶液时，必须由拼缝处横向向外赶压，不得斜向或由两侧向中间赶压，每贴 2 ~ 3 张后，就应用吊锤在接缝处检查垂直度，及时纠偏。发生轻微离缝或亏纸，可用同色乳胶漆描补或用相同纸搭茬贴补，如离缝或亏纸较严重，则应撕掉重裱。

艺术玻璃

木质装饰立柱

文化砖　　　　　木质窗棂造型

柚木饰面板

羊毛地毯

木质线条隔断   羊毛地毯

木格栅吊顶   仿古砖

白色乳胶漆

木造型刷白   装饰银镜

密度板涂装油性调和漆　　　白色亚光地砖

压花烤漆玻璃

仿古砖

木质格栅

羊毛地毯

沙发墙使用镜面玻璃的注意事项

装镜面玻璃以一面墙为宜，不要两面墙都装而造成反射。镜面玻璃的安装应按照工序，在背面及侧面做好封闭，以免酸性的玻璃胶腐蚀镜面玻璃背面，造成镜子斑驳。平时应避免阳光直接照射镜面玻璃，也不能用湿手去摸镜面玻璃，以免潮气侵入，使镜面的光层变质发黑。还要注意不使镜面玻璃接触到盐、油脂和酸性物质，因为这些物质容易腐蚀镜面。

茶色烤漆玻璃

密度板拓缝

条纹壁纸

水曲柳饰面板

白色乳胶漆

艺术玻璃

布艺软包

石膏板吊顶　　　　松木板吊顶

实木地板　　　　装饰壁纸

有色乳胶漆

有色乳胶漆　　　　　　　　　羊毛地毯

密度板拓缝　　　　　　　　实木地板

有色乳胶漆

米色釉面砖

羊毛地毯 　　　　　　　　　　　木线条刷白

混纺地毯

胡桃木饰面板

白色乳胶漆

仿古砖 　　　　　　　红樱桃木饰面板

仿古砖

陶瓷锦砖

压花烤漆玻璃

钢化玻璃立柱

仿古砖

白色乳胶漆

使用水泥板装饰沙发墙时应注意什么

若要用水泥板装饰沙发墙，施工前要先在墙体上打一层底板，以强化墙面的安定度及平整度，再将水泥板用钉枪及益胶泥固定在底板上。底板可选木夹板、木心板等。要注意的是，水泥板表面一定要再涂一层透明漆。因为水泥板表面有很多毛细孔，容易沾污、吃色，涂装透明漆可保护表层。性能不佳或是木头专用的透明漆，会有变黄、变灰或出现斑点等问题，所以选购透明漆时，应确认使用说明书中有标示"抗紫外线、耐变黄、耐水性、耐候性佳"等功效，才能让水泥板常久如新。

轻钢龙骨装饰横梁　　米色洞石

艺术玻璃　　条纹壁纸

木纹釉面砖　　装饰罗马柱

艺术地毯　　石膏板吊顶

实木装饰线　　仿古砖

密度板拓缝 　　　　直纹斑马木饰面板

仿古砖

装饰壁纸

密度板拓缝刷白

水曲柳饰面板

混纺地毯

皮革软包

羊毛地毯

木质隔板　　铂金壁纸

石膏板吊顶

压花烤漆玻璃　　　　　　　　装饰珠帘

白色玻化砖

浮雕壁纸

手绘墙饰

混纺地毯

木质窗棂造型

实木踢脚线

有色乳胶漆

装饰壁纸

密度板混油

仿古砖

陶瓷锦砖

木纹大理石　　　　　　　　　　　装饰壁纸

实木装饰线　　　混纺地毯

有色乳胶漆

石膏板吊顶　　　爵士白大理石

如何选购木纤维壁纸

（1）闻气味：翻开壁纸的样本，特别是新样本，凑近闻其气味，木纤维壁纸散出的是淡淡的木香味，几乎闻不到，如有异味的则绝不是木纤维。

（2）用火烧：这是最有效的办法。木纤维壁纸在燃烧时没有黑烟，燃烧后的灰尘也是白色的。如果冒黑烟、有臭味，则有可能是 PVC 材质的壁纸。

（3）做滴水试验：这个方法可以检测其透气性。在壁纸背面滴上几滴水，看是否有水汽透过纸面，如果看不到，则说明这种壁纸不具备透气性能，绝不是木纤维壁纸。

（4）用水泡：把一小部分壁纸泡入水中，再用手指刮壁纸表面和背面，看其是否褪色或泡烂。真正的木纤维壁纸特别结实，并且因其染料为鲜花和亚麻当中提炼出来的纯天然成分，不会因为水泡而脱色。

石膏板吊顶

实木装饰角线　　　　　仿古砖

爵士白大理石　　　　　水曲柳饰面板

白色网纹亚光地砖

石膏板吊顶　　　　　　白色玻化砖

车边银镜

黑色磨砂墙砖　　　　仿古砖

白色玻化砖　　　　　红樱桃木饰面板

石膏板吊顶

混纺地毯　　　　　　　　　水曲柳饰面板

羊毛地毯　　　　　　　　仿古砖

装饰壁纸　　　　　　　　　　　　　　　羊毛地毯　　　　　　米色亚光地砖

石膏板装饰线

如何鉴别绿色涂料

（1）看涂料表面。优质的多彩涂料其保护胶水溶液层呈无色或微黄色，且较清晰。

（2）闻一闻涂料中是否有刺鼻的气味，有毒的涂料不一定有异味，但有异味的涂料一定有毒。

（3）如果涂料出现严重的分层，说明质量较差。用棍子轻轻搅动，抬起后，涂料在棍子上停留时间较长，覆盖均匀，则说明质量较好；用手轻捻，越细腻越好。

（4）仔细查看产品的质量检验报告，尤其注意看涂料的总有机挥发量(VOC)。目前国家对涂料的 VOC 含量标准规定每升应不超过 200mg，较好的涂料为每升 100mg 以下，而环保的涂料则接近于零。

胡桃木装饰横梁

红樱桃木饰面板　　　　米色网纹玻化砖

艺术地毯

木质窗棂造型

直纹斑马木饰面板　　　　　　羊毛地毯

条纹壁纸

石膏板吊顶

复合木地板

羊毛地毯

有色乳胶漆

混纺地毯　　　　　　　　密度板拓缝

黑色烤漆玻璃

条纹壁纸

羊毛地毯　　　　　　　　红樱桃木饰面板